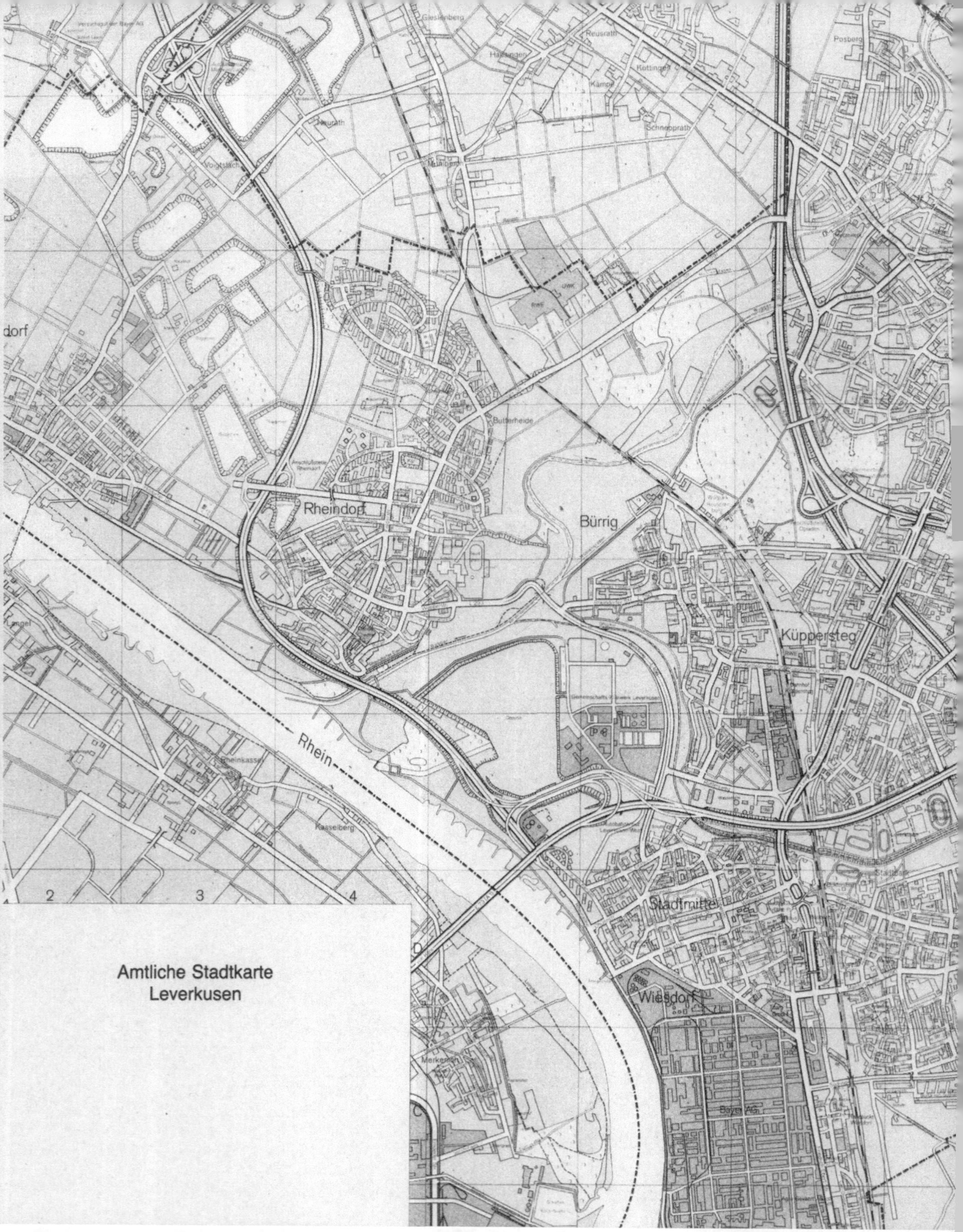

Amtliche Stadtkarte
Leverkusen

Berg. Neukirchen
Rhein.-Berg.-Kreis
Lützenkirchen
Quettingen
Steinbüchel
Mathildenhof
Alkenrath
Schlebuschrath
Schlebusch
Odenthal
Freudenthal
Hummelsheim
Scherfenbrand
Waldsiedlung
Edelrath
Neuenhaus
Fettehenne
Engstenberg
Lichtenburg
Neuboddenberg
Boddenberg
Kamp
Durscheid
Großhamberg
Berghamberg
Handerfeld
Bornheim
Kümpersheide
Rothbroich
Scharrenberg
Nittum
Schildgen
Unterscheid
Küchenberg
Unterbech
Kalmünten
Osenau
Hahnenberg
Rhein.-Berg.-Kreis

LEVERKUSEN GESTERN HEUTE

Herausgegeben von Hans Georg Schaffner

Unter Mitarbeit von Lothar Saßerath
Mit Bildern von der Fotofabrik
Gesamtgestaltung von Peter Kaczmarek

Leske + Budrich, Leverkusen 1985

Die Mitarbeiter an diesem Band:

Hans Georg Schaffner, geboren 1913.
Stadtarchivar im Ruhestand.
Lebt seit 1964 in Leverkusen.

Lothar Saßerath, geboren 1952.
Stellvertretender Leiter des Stadtarchivs Leverkusen.
Lebt seit 1964 in Leverkusen.

Peter Kaczmarek, geboren 1949.
Freiberuflicher Graphiker, Karikaturist und Illustrator.
Lebt seit 1957 in Leverkusen.

Fotofabrik:
Jürgen Dehniger, geboren 1950 in Leverkusen.
Diplom-Designer.

Kalle Halberstadt, geboren 1949 in Leverkusen.
Journalist und Fotograf.

Detlev Großpietsch, geboren 1949 in Leverkusen.
Medienpädagoge.

CIP-Kurztitelaufnahme der Deutschen Bibliothek

Leverkusen gestern – heute / mit Bildern von d. Fotofabrik. Hrsg. von Hans Georg Schaffner unter Mitarb. von Lothar Saßerath. Gesamtgestaltung von Peter Kaczmarek. – Leverkusen: Leske und Budrich, 1984.

NE: Schaffner, Hans Georg [Hrsg.]; Fotofabrik ›Leverkusen‹; Leverkusen

ISBN 978-3-663-05402-3 ISBN 978-3-663-05401-6 (eBook)
DOI 10.1007/978-3-663-05401-6
Softcover reprint of the hardcover 1st edition 1984

Gesamtherstellung Temming-Druck, Bocholt

Inhalt

Zur Einleitung

Mit Bildern kann nicht alles gesagt werden, was eine Stadt gestern und heute war und ist. Aber in Bildern kann vieles gezeigt werden, was Worte gar nicht verträgt; nur hinsehen muß der Mensch.
Aber es genügt auch nicht, der Nostalgie ein Opfer zu bringen. Was gestern war, ist auf dem Weg zum Heute gewesen und führt weiter. Wir haben keine Stunde Null, sondern das Jahr 1984 schon hinter uns. Und ohne Verhältnis zur Geschichte begreifen wir uns selbst kaum. Verlust des Geschichtsbewußtseins durch nur bürokratischen Fortschrittsglauben ist Täuschung im Perfektionismus und ein billiger Ersatz für den „Verlust der Mitte" (Sedlmayr). Der Mensch als Bürger, Bauer, Fischer, Arbeiter gestaltete noch immer das Leben. Die Verwaltung machte ihn zum Untertan, wo sie sich selbst nur als Gestalter der Herrschaftsform untertänigst nach „oben" bückte und nach „unten" mächtig aufdrehte, statt Verwalter des Bürgers zu sein und seine Steuern für ihn einzusetzen.

Mit den Bildern von gestern und heute soll ein Rundgang durch die Stadt gemacht werden. Vieles wird manchem fehlen; aber mehr ruht nur in den Archiven.
Trotzdem wollen die Bilder und Texte eine kleine, fällige Stadtgeschichte mit Informationen geben, sicher kein Ersatz aber vielleicht eine etwas neue Form, Geschichte schmackhaft zu machen.
Und Stadtgeschichte muß nicht immer bei den Römern oder noch früher beginnen; sie muß überhaupt nicht – sie ist ein Stück gestern im Heute für morgen und geht so in alle Zukunft weiter.
Leverkusen hat mit Carl Leverkus 1860 angefangen, daher der Name, einfach dadurch, daß der Apotheker Dr. Carl Leverkus von Wermelskirchen herunter an den Rhein kam. Da war Platz und viel sonst fast nutzloses Land; da war der Rhein mit seiner Dampfschiffahrt; da war die Eisenbahn. Mit beiden konnten Transportprobleme besser gelöst werden, als mit den Fuhrwerken bisher. Das Industriezeitalter hatte gerade erst begonnen.
Dr. Carl Leverkus hatte seit 1834 in Wermelskirchen seine Ultramarinfabrik und baute seit 1860 nun neu und größer und schickte seine Fuhrleute mit allem dazu gehörigen Kram nach „Leverkusen bei Mülheim am Rhein". Da konnten die Rohstoffe mit den neuen Transportfahrzeugen zu Wasser und über Land, mit den neuen Dampfmaschinen angetrieben, in größeren Mengen angefahren werden, und die Fertigwaren waren auch schneller auf dem Markt und bei den Kunden in aller Welt. Damals war der Export auch schon wichtig. Mülheim am Rhein in der Nähe war wirtschaftlich, postalisch und als Kreisstadt gegenüber Köln ein bekannter Handelsplatz, bekannter als Wiesdorf und der Landkreis Solingen mit seinem Sitz in Opladen, zu dem das „Fabriketablissement", gemeint waren die Fabrik und die Wohnungen für Arbeitende und ihre Familien, kommunalpolitisch gehörte. Wiesdorf hatte noch keinen Bürgermeister; es war mit Bürrig zusammen Bürgermeisterei Opladen-Land, und der Bürgermeister von Opladen war zugleich in Personalunion auch Landbürgermeister für die Gemeinden Bürrig und Wiesdorf seit 1856. Es gab schon 1845 einen Bahnhof „Küppersteg", an der Eisenbahnstrecke, die zum Umschlagebahnhof nach Mülheim hätte benutzt werden können. Nach Mülheim war es näher und rationeller und es wurde alsbald eine Werks-Eisenbahnstrecke dorthin gebaut. Das war der Anfang der Industrie in unserer Stadt, noch ohne die Hektik unserer Tage, noch ohne Elektrizität, noch ohne Auto, noch ohne Telefon und all das, was die Technik uns heute alles so treibt und zu immer mehr antreibt und alles vorantreibt und uns dennoch so unruhig macht um die Arbeitsplätze, um Lohn und Umwelt und Rente und und und . . .
Dr. Carl Leverkus baute seine „Rheinische Ultramarinfabrik Dr. Carl Leverkus und Söhne", er baute sein Wohnhaus, baute Häuser für seine Arbeiter, und alle arbeiteten und wohnten in „Leverkusen". Im Standesamt der Landbürgermeisterei Opladen sind die seit 1863 fälligen Geburten, Eheschließungen und Sterbefälle bereits als für die Einwohner in „Leverkusen" beurkundet, viele Jahre früher als die ganze Stadt dann 1930 den Namen Leverkusen bekam.
Aber vor Dr. Carl Leverkus war in Wiesdorf, mit seiner ältesten Namensform Westubbe uns in möglicherweise frühfränkische Zeiten hinführend, auch schon Leben. Sicher hat der Name nichts mit Wiesen zu tun, die Ortsnamenforschung kann die Umwandlung des Namens von Wistubbe zu Wiesdorf auf vielen Urkunden seit dem 12. Jahrhundert und alten Karten belegen, aber noch nicht restlos klären. Die Grafen von Berg belehnten ihre Dienstmannen mit Rittersitzen, um die herum das Bauernland erschlossen wurde. Und das war 1171 der Ritter Cunrad von Buchele auf dem nach ihm so genannten „Büchelter Hof", dessen westliche Hälfte nach 1225 dem Kloster Gevelsberg von den Grafen von Berg verehrt wurde. Den östlichen Teil hatte 1540 der kurkölnische Staatsmann und Rechtsgelehrte Dr. Jakob Omphal erworben, nach dem das vom Büchelter Hof noch übriggebliebene Haus „Doktorsburg" genannt wird. Und auch das „Forum", Stätte der Begegnung für Theater, Konzert und andere Ereignisse, mitsamt der City stehen heute auf diesem historischen Boden.

„Vom Fischerdorf zur Farbenstadt“ war einmal ein Wortspiel mit zwei F F an die Farbenfabriken Bayer anspielend. Doch ist Wiesdorf nie so recht ein ausgesprochenes Fischerdorf gewesen. Der Fischfang war einmal gut und wichtig, auch bedeutsam für die Ernährung und die steuerlichen Abgaben. Aber es gab keinen Fischmarkt. Von bäuerlicher Landwirtschaft künden die alten Höfe in klösterlichem Besitz von Altenberg, Dünnwald oder Köln.
Und Bayer kam 1891, als Leverkus und Söhne die Alizarinfabrik – einen Teil ihres Werkes – verkauften. Bayer kam aus Elberfeld, aus der Enge des Wuppertales an den Rhein nach Leverkusen, der viel mehr Wasser der sich stets erweiternden chemischen Industrie bieten konnte. Und Bayer kam nach „Leverkusen“; der Name hatte sich für die Fabrik zu einem festen Begriff entwickelt. Von nun an hieß die schnell wachsende Arbeitsstätte: FF. Bayer, Leverkusen. Industrielle und technische Entwicklung der Chemie prägten aus den ländlichen Gemeinden in wenigen Jahren eine Stadt. Die Einwohnerzahlen von Wiesdorf und Bürrig, die seit 1889 zur Bürgermeisterei Küppersteg zusammengeschlossen worden waren, wuchsen von 2500 auf 5900, Wohnkolonien wurden vom Werk errichtet, und die Gemeinde baute Schulen, Straßen, Wasser- und andere Versorgungseinrichtungen. Das Werk beschleunigte die Stadtentwicklung, die anderswo in Jahrhunderten allmählich wachsend sich vollziehen konnte, in zwei Generationen über den Einschnitt des ersten Weltkrieges hinweg als eine ständige Ausweitung. Damals sagte man, das Werk leistet sich eine Stadt! Das Stadtrecht wurde der Bürgermeisterei Küppersteg 1921 verliehen und die neue Stadt mit 26 671 Einwohnern fortan Wiesdorf genannt. Ein Stadtwappen, geprägt nach dem alten Siegel der Schöffen zu Wiesdorf von 1567, wurde 1923 verliehen.
Das Wachstum der Stadt gründete aber auch auf anderen Industrie- und Handelszweigen. Seit 1872 ist die Dynamit-Nobel-AG ansässig, 1875 kam ein Textilwerk nach Schlebusch, 1878 gründete Heinrich Theodor Wuppermann sein Stahl- und Walzwerk, seit 1899 besteht das Eisen- und Stahlwerk Cornelius Schmidt (Maschinen- und Apparatebau) in Küppersteg, 1911 verlegte die Eumuco AG ihr Maschinenbauwerk von Mülheim nach Manfort. Und dazu kamen viele kleinere Gewerbetreibende und Handwerker, Kaufleute usw.
In der kommunalen Neuordnung von 1930 vereinigten sich die umliegenden Gemeinden Rheindorf, Schlebusch und Steinbüchel zum neuen Stadtgebilde unter dem neuen Namen Leverkusen, mit 42 000 Einwohnern, die vorher schon zumeist in „Leverkusen“ arbeiteten. Dennoch war diese neu gesetzte Verwaltungsordnung nur ein Schritt auf dem Wege, eine wirkliche Stadt mit Bürgersinn zu werden. Die neuen Stadtteile brachten ihre eigene, alte Geschichte mit; sie reicht weit zurück und hat sogar frühgeschichtliche Ausgrabungsfunde aufzuweisen.
Die Zeiten bis 1945 waren – wie im übrigen Reich – braun geprägt und dann jäh zu Ende. Auch hier galt es, Trümmer in der Stadt und ihren Menschen wegzuräumen und neu aufzubauen. Und Flüchtlinge kamen, mehr als anderswo; neue Stadtteile wurden als Siedlungen gebaut, Wirtschaftswunderliches geschah, und es gab Arbeitsplätze bei der Chemie, bei Stahl und Eisen, bei Textil und Autozubehör. Es gab Aktivitäten der Bürger im Sport, in musischen Freizeitwerken und in der politischen, freiheitlichen Entfaltung. 1955 erreichte die Verwaltung die Unabhängigkeit vom Rhein-Wupper-Kreis, und die Stadt konnte von da an mehr von ihren Steuern selbst investieren. Die Stadt baute Schulen, Kirchen, ein Krankenhaus, Straßen und Kanäle und bis 1963 war die Einwohnerzahl auf 100 000 hochgeschnellt und das war mehr als eine Verdoppelung seit Kriegsende. Es ging der Ruf von der reichen Stadt hinaus ins weite Land. Sie war aber auch reich an Problemen auf dem Weg, eine lebenswerte Stadt zu werden; Urbanität ist hier ein Begriff mit vielfältigem Inhalt: Nachbarschaftssiedlungen mit viel Grün wollen helfen, daß die Menschen nicht nur in Leverkusen arbeiten, sondern auch wohnen und gern leben.
Und wieder kam eine kommunale Neuordnung mit der Bedrohung, in den Kreis zurückzukehren oder von Köln „geschluckt“ zu werden. „LEV muß leben“ erklang wie der alte bergische Schlachtenruf „romerike Berge“ und meinte die ruhmreiche eigene Urbanität, und hatte Erfolg nach viel Einsatz. Und so ist seit dem 1. Januar 1975 Leverkusen vergrößert um die Nachbarn in Opladen, Bergisch Neukirchen und Hitdorf, drei ursprünglich selbständige Städte, wiederum mit sehr eigener, aber im bergischen gemeinsam wurzelnder Geschichte. Opladen brachte dafür seine Stadtchronik „Upladhin“ mit, die kurz vorher noch ein Bestseller geworden war. Auch hatte die Stadtverwaltung sich noch eben ein neues Rathaus bauen lassen, in das sie nicht mehr selbst einziehen konnte. Es gab Gelegenheit, die Verwaltung des neuen, 172 000 Einwohner zählenden Leverkusens zum Teil in den neuen Stadtteil Opladen zu verlegen. Es ist inzwischen viel geschehen – und das macht die Geschichte aus –, daß die Stadtteile in unserer schnellebigen Zeit zusammenwachsen sollen und können und der Bürger sich zum „Leverkusener“ entwickelt.

Hitdorf

Hitdorf hatte seit dem 12. Jahrhundert die besten Aussichten, ein bedeutsamer Fischerort am Rhein zu werden und besaß seit mindestens 1356 einen beachtlichen Hafen für das bergische Land. Bergische Erzeugnisse für die Frankfurter Messen wurden aufgrund landesherrlichen Privilegs ausschließlich hier umgeschlagen. Eisenbahn und Dampfschiffahrt bremsten den blühenden Hafenbetrieb im Industriezeitalter des 19. und 20. Jahrhunderts. Die große Fähre blieb ein wichtiger Rheinübergang zwischen Köln und Düsseldorf, und erst deren Brückenbauten schmälerten den Fährbetrieb. Die Industrie ist im Dreiklang: „Tabak – Zündholz – Bier" zusammenfaßbar. Seit 1765 sind zwei Tabakfabriken, 70 Jahre später zwei Zündholzfabriken und eine Brauerei, Betriebe mit beachtlichem Umsatz. Die Steuerkraft stärkte das Selbständigkeitsstreben der Bürger aus der Abhängigkeit mit den Nachbargemeinden. Sie wurden zwar 1827 in den Stand der Städte im Provinziallandtag erhoben, erhielten aber erst 1857 das Stadtrecht mit eigener Verwaltung, die ihnen aber 1939 von den damaligen Machthabern durch die „Einamtung" nach Monheim wieder streitig gemacht und 1960 durch Eingemeindung gänzlich genommen wurde. Seit 1975 nun ist Hitdorf ein Stadtteil von Leverkusen, und ein letztes Idyll zwischen den Industriegiganten.

DIRTYNELLY

1906 errichtetes und 1968 abgerissenes Rathaus Hitdorf

Fast jedes Jahr steigt „Vater Rhein“ aus seinem Bett. Hitdorf ist der vom Hochwasser am schwersten betroffene Stadtteil. Die von den Wassermassen bedrohten Rhein-Anwohner reagieren trotz der Gefahren erstaunlich gelassen. Sie wissen, was auf sie zukommt, was man dagegen tun kann und was nicht. Durch Eigeninitiative helfen sie mit, die schwersten Schäden zu verhindern. In den Chroniken sind die größten Hochwasserkatastrophen verzeichnet, die verheerende Folgen für die Bevölkerung hatten. Dazu zählen der Eisgang und die Sturmflut von 1784, die Winterhochwasser von 1876 und 1882 und die Hochwasser in den Neujahrsnächten 1919/20 und 1925/1926.

Rheindorf

In Wiesdorf am Rhein wird Holz aus dem bergischen Land angefahren und auf Flöße verladen. Dormanskirch auf der westlichen Rheinseite ist ein verstümmelter Name, es müßte „do de Manskirche“ heißen (zu der Amanduskirche in Rheinkassel); von Rheindorf ist der alte spitze Turm der St.-Aldegundiskirche zu sehen. Siegel und Schriftband sind auf dem Original nicht vorhanden, nur auf der Postkarte von 1928.
Kupferstich von Wenceslaus Hollar (1607/1677), entstanden zwischen 1632 und 1636.

Omnibus und Straßenbahn an der Kreuzung des Burgwegs mit der Felderstraße

Die ältesten Teile des Turmes der St.-Aldegundiskirche stammen aus dem 12. Jahrhundert

Seit dem 14. Jahrhundert hatten die Grafen von Berg in Rheindorf den Wasserzoll zielbewußt gegen die Kölner Vorherrschaft im Handel eingesetzt. In der Unterstraße steht der alte Zollhof von 1755, auch Haus Wirtz genannt, unter Denkmalschutz.

Aus der ersten Hälfte des 17. Jahrhunderts stammt das breite Fachwerkhaus, ursprünglich im Kern nur zweigeschossig und zweizellig im Grundriß, dann in vier Um- und Erweiterungsbauten vergrößert. Es war das Wohnhaus des Küsters und Lehrers Mathias Ziskoven, der auch zeitweise darin Schule gehalten hat, wodurch es, nicht ganz zutreffend, das alte Schulhaus genannt wird.

Um 1900 gab es eine blühende Kneipenkultur und etliche Brauereien. Alter Gasthof „Zur Rheinlust“, jetzt „Hofenk“, Unterstraße 2.

Rheindorf-Nord, im Hintergrund Bürrig und Küppersteg

Bürrig und Küppersteg

„Es war einmal ein treuer Husar. . .“
Einst um 1300 – ein wehrhafter Herrensitz am Wupperübergang, dann um 1900 – ein schöner Platz für lauschige Feste. Hier wohnte der alte Obrist v. Mylius, der das Lied „Vom treuen Husaren“ aus Österreich mitbrachte. Es wurde von hier aus der Welt bekanntester Karnevalsschlager.
1968 wurde Schloß Reuschenberg abgerissen.

Bürrig ist ein alter Ort, dessen Höfe im 12. Jahrhundert in Urkunden genannt werden.
Küppersteg war in alter Zeit ein Übergang über die Dhünn beim Haus Breidenbach (Nähe Stadthaus) und wurde 1845 Bezeichnung für die Eisenbahnbaustelle, später für den Bahnhof Küppersteg und erst 1889 Bezeichnung für die vereinigten Gemeinden Wiesdorf und Bürrig unter der selbständig gewordenen Bürgermeisterei Küppersteg.

St.-Stephanus-Pfarrkirche Leverkusen-Bürrig vor dem Umbau 1892/93.

Postamt Küppersteg, Von-Ketteler-Straße 2

Artur Keunen hieß der erste Bürgermeister in Küppersteg, er kam 1889 und ließ 1891 das erste Rathaus bauen. Es war von 1910 bis 1917 Bürgermeisterwohnung, bis 1937 Zweigstelle der Sparkasse und außerdem seit 1922 Postamt. Der Backsteinzaun und der Vorgarten haben Parkplätzen Platz gemacht.

1927 wurde die Dhünn in ein fast kanalartiges Bett gezwungen; sie gebärdete sich gelegentlich wie ein Wildbach bis zur ursprünglichen eigenen Einmündung in den Rhein. Hier ist vielleicht die vielumrätselte Stelle vom Zug der Nibelungen, nach der Thidrekssaga, auf ihrem Ritt „zum Rhein, wo Dhuna und Rhyn zusammenkommen; das war breit da hinüber“ und die Nibelungen zogen weiter, vorbei an Burg Thorta (Dortmund) nach Susat (Soest), der Hauptstadt des Hünenlandes, und gingen dort in wilden Kämpfen zugrunde.

Wiesdorf

Auf der grünen Wiese standen 1906 zuerst die evangelische Christuskirche, einige Häuser an der Montanusstraße, einige an der Hauptstraße und die Siedlung um die Wöhlerstraße; den Abschluß bildete seit 1966 der City-Bau mit Rathaus, Forum, Busbahnhof, Post und der 1979 eröffnete Bundesbahnhof Leverkusen-Mitte.

Haupt- und Elberfelder Straße haben ihr Aussehen ganz verändert. – Raddampfer und Segelboote dienen dem Verkehr.

Die schier legendäre „Restauration Hermann Lützenkirchen", genannt „Mannes", hatte Atmosphäre, besonders am Sonntag traf man sich dort. Rechts der Friseurladen und das Zigarrengeschäft von Jacob Brings und links die Bäckerei Odenthal, dahinter, hinter den Bäumen, das alte „Haus Dyrna", um 1670 erbaut, 1910 Wohnhaus des Rendanten Boes und erstes Dienstlokal der Sparkasse Wiesdorf seit 1887, im Krieg zerbombt 1944.

Die Nobelstraße – damals noch Dynamitweg genannt – mit den Häusern der 2. Wohnkolonie der Bayerwerke von Nord nach Süd. Das Erholungshaus stand noch nicht, und für Kinder war es ein freies Feld zum Spielen; um 1905.

Mitten in der Bayer-Wohnsiedlung, zwischen Elberfelder und Barmer Straße war ein großer Kinderspielplatz schon 1910 vorhanden. Diese Anlage konnte damals als vorbildlich bezeichnet werden. Die heutige Spielplatzsituation verdient ein solches Urteil nicht mehr.

Paulinchen Pohnke lebte von 1883 bis 1980 und war ein Wiesdorfer Original, ihr Denkmal wurde am 23. Oktober 1982 enthüllt. Es steht nahe der Antoniuskirche (Kleine Kirchstraße). ▶

Der Wiesdorfer Marktplatz vor dem 1. Weltkrieg

Fast unverändert bis 1966, seit 1972 Fußgängerzone und Wiesdorfer Platz genannt.

Kolonie der Farbenfabriken Bayer. Im Vordergrund die Hauptstraße mit Apotheke, dahinter die Wöhlerstraße.

Das „alte" Bayer-Kaufhaus, 1911 gegenüber dem Rathaus in Wiesdorf errichtet, 1944 zerbombt. Der Neubau wurde 1958 eröffnet.

Die evangelische Christuskirche in Wiesdorf wurde 1904 bis 1906 vom Elberfelder Architekten A. Fritsche im .Stil der Zeit nach fast norddeutschen Elementen der Backsteingotik gebaut. Der Innenraum zeigte an romanische Vorbilder erinnernde, vom Jugendstil geprägte, bunte Gestaltung, die nach der Kriegszerstörung im Oktober 1944 beim Wiederaufbau 1949 nicht wiederhergestellt wurde – dem Stil der Zeit entsprechend.

Christus-Kirche und Kölner Straße am alten Rathaus, 1964.

Am 11. April 1908 war Baubeginn für das zweite Rathaus der Bürgermeisterei Küppersteg, diesmal in Wiesdorf, wo sich die weitere Stadtkernbebauung noch anschließen sollte. Vorgesehen waren Schulen, Schwimmbad, Museum, Saalbau, Vereins- und Jugendhaus und ein Zentralbahnhof. Platz für alles war auf der grünen Wiese vorhanden. Am 15. März 1910 ist das Rathaus in Betrieb genommen worden. Alle anderen Bauten wurden ein Opfer der Zeit und nie gebaut. Erst 1953 wurde das Stadthaus als Ergänzung zum Rathaus dazugebaut und seit 1966 entstand die City. Oktober/November 1971 wurde für das neue Rathaus das alte abgerissen.

Rathaus

Flohmarkt und Stadtfest in der City

Seit 1908 war eine „Festhalle" geplant. Bis 1966 aber mußte darauf gewartet werden, dann erst reiften die City-Pläne. Das „Forum" konnte am 20. September 1969 in Betrieb genommen werden und dient vielen geselligen Möglichkeiten: Theater, Oper, Musical, Konzerte, Ausstellungen, Kongresse und karnevalistische Veranstaltungen. Die Volkshochschule hat hier ihren zentralen Sitz. Architekt war Ulrich S. von Altenstadt.

1913 mit Hoffnung auf den Bahnhof gebaut, der aber erst 1914 und etwas abseits von Wiesdorf, dafür näher zum Bayer-Werk in Leverkusen, errichtet wurde. Seit 1979 Parkplatz an der Einfahrt zur Stadtautobahn.

Dr. Carl Leverkus

Dr. Carl Leverkus war ein Sohn des Apothekers Wilhelm Johann Leverkus und am 5. November 1804 in Wermelskirchen geboren. Er wollte, wie sein Vater, Apotheker werden und zog 1822 als Lehrling bis an die Mosel zur Apotheke in Winningen, studierte in Marburg und ist 1826 als Gehilfe in einer Trierer Apotheke. Anschließend ging er nach Paris, verdiente sich tagsüber durch Fabrikarbeit seinen Unterhalt und studierte Chemie abends an der Sorbonne. 1829 legte er in Berlin das Apothekerexamen ab und holte sich 1830 in Gießen an der Universität den Dr. phil. Dann arbeitete er in Barmen an der Herstellung von Soda bei Hoesch und Langenbeck und machte 1834 in Wermelskirchen eine eigene Fabrik für Zinnsalze und -beizen, Bleisalze, Borax und Soda auf. Er heiratete 1838 Juliane Auguste Küpper, die ihm vier Söhne und sieben Töchter gebar. Auch war er in Wermelskirchen Stadtverordneter und erster Beigeordneter, sorgte für die Einführung der ersten Straßenbeleuchtung und war 1848 Hauptmann der Bürgergarde. 1860 begann Dr. Leverkus mit der Verlegung seiner Fabrik auf den Kahlberg bei Wiesdorf, wobei sein ältester Sohn Julius (* 1840) bei Planung und Bau wesentlichen Anteil hatte. Das Werk wurde zu einem Musterinstitut mit neuesten Einrichtungen der Technik und guten Anlagen für seine Arbeiter, für die er Wohnungen und einen Konsumvereinsladen baute. Carl Leverkus starb im Alter von 85 Jahren am 1. Februar 1889 in Leverkusen.

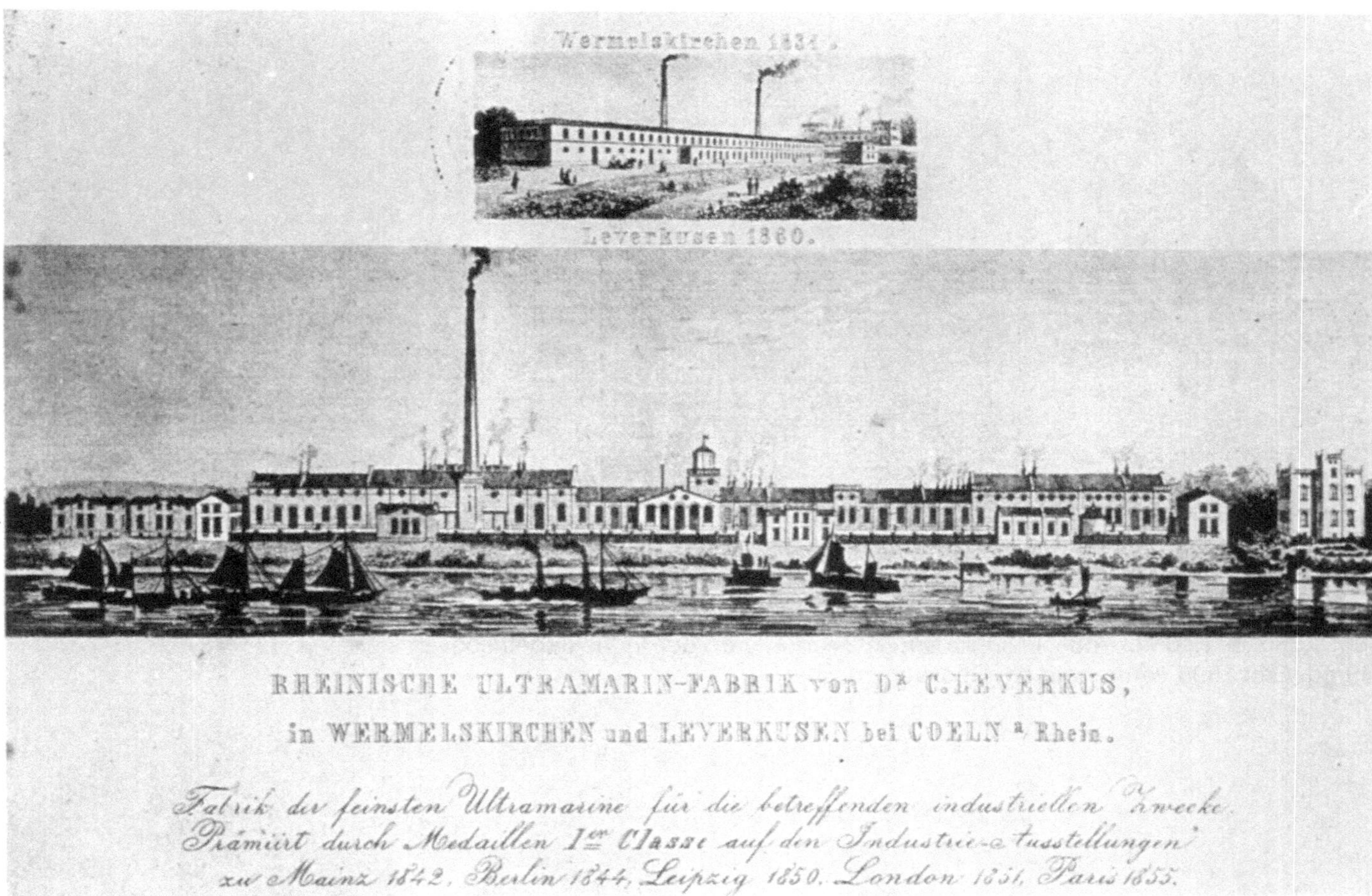

Betriebsfeuerwehr von Dr. C. Leverkus u. Söhne in Leverkusen um 1890

Schon immer waren die Menschen bemüht, ihre Siedlungen vor dem Feuer zu schützen. Die ersten Feuerwehren waren Nachbarschaftshilfen mit Ledereimern und sonstigen Geräten. Später organisierten sie sich zu freiwilligen Feuerwehren: 1880 in Hitdorf, 1886 in Opladen, 1894 in Bürrig. Erst 1898 verordnete die Regierung allgemein die Bildung von „Freiwilligen Feuerwehren", die dann in Rheindorf 1899, Wiesdorf und Manfort 1900, Steinbüchel 1907, Lützenkirchen-Quettingen und Bergisch Neukirchen 1908 gegründet wurden. Daneben bestanden die Werksfeuerwehren der Industriebetriebe.

Bayer-Pförtner an der Kölner Straße um die Mittagszeit, 1910: Frauen und Kinder bringen Essen für die Arbeiter, Angestellte gehen zur Mittagspause in die nahegelegenen Wohnungen der „Beamtenkolonie“.

Bayerwerk, Titanstraße, links an einem autofreien Sonntag in den 70er Jahren.

Audi 100 CC
LEV

Dr. Carl Duisberg

* Barmen, 29. September 1861
† Leverkusen, 19. März 1935

Der große, fast legendäre Gestalter der chemischen Industrie und der deutschen Wirtschaftsgeschichte Carl Duisberg – C. D. – trat 1883 in die Firma Bayer ein und bekam 1888 bereits Prokura. 1895 begann er in Leverkusen mit dem Auf- und Ausbau des Werkes, wobei er die Fabrikanlagen schon so anlegte, daß sie noch heute ihre zweckentsprechende Funktion haben mit breiten Werksstraßen. C. D. brachte den Zusammenschluß der Chemischen Industriewerke zur Interessengemeinschaft, der IG Farbenindustrie AG, 1925 zustande und war mit Carl Bosch ihr führender Kopf.
Seine soziale Einstellung ließ ihn die Werkswohnungen in ganzen Werkskolonien im alten Wiesdorf bauen, die mit Gärten und Parkanlagen Leverkusen zu einer Stadt im Grünen neben den Fabrikschornsteinen werden ließ. C. D.-Bad, C. D.-Gymnasium, Japanischer Garten und vieles andere sind Schöpfungen mit städtebaulichem und Urbanitätscharakter. Er förderte die Bildenden Künste durch zahlreiche Aufträge und war ein großer Mäzen.
Die Weltgeltung der chemischen Großindustrie ist mit Glanz und Elend, Größe und Tragik durch C. D. mitgestaltet und Leverkusen in aller Welt bekannt geworden.

Carl Duisberg bei seinem Eintritt in die Farbenfabriken

Carl Duisberg bei seinem Eintritt in die Farbenfabriken

Das Bayer-Hochhaus, vom Japanischen Garten aus gesehen. ▶

Bayer-Löwe von Bernhard Höttger, Worpswede; das alte Firmenzeichen, eine Löwin, sitzt am Eingang zur Kaiser-Wilhelm-Allee.

Diese Badeanstalt ließ die Stadt im Juni 1921 zwischen zwei Kribben unterhalb der Hauptstraße für den Sommer einfahren und verankern.

Rheinbadeanstalt der Farbenfabriken Bayer 1904

1. Jahrgang. 14. November 1925.

Der Wiesdorfer Schwimmer.

Jahres-Zeitschrift des Wiesdorfer Schwimmvereins.

Erscheint jährlich einmal; Bezugspreis unbezahlbar; Verantwortliche Redakteure; Für den politischen Teil: Frau Emmi Gotzlein, für den sportlichen Teil: Herr Wilh. Schmidt, für den unterhaltenden Teil: Herr Wilh. Rau, für den Anzeigenteil: Herr Paul Wohlgemuth, sämtlich aus Wiesdorf.
Druck u. Verlag: Kohl & C. Wiesdorf.

Eröffnung des Wiesdorfer-Hallenbades am 1. April 1955.

Wir erlauben uns schon jetzt alle Schwimmer und Schwimmfreunde zu der Eröffnung des Hallenbades einzuladen! Das Programm nebst Badezeiten und Preisen wird noch bekannt gegeben! Nachstehend bringen wir eine Skizze über das Innere des Bades!

Der Bürgermeister!

Bahnlänge 50 Meter!

Aprilscherz 1925, fast prophetische Vorahnung, denn 1928 wurde ein Entwurf zu einem Hallenbad genehmigt, 1931 wurden die Bauarbeiten an der Ecke Düsseldorfer/Pechstraße ausgeschrieben und dann durch die Finanzkrise gestoppt. 1955 wurde wieder ein Hallenbad beschlossen, für das am 11. Mai 1959 der erste Spatenstich erfolgte und das am 28. Oktober 1961 an der Bismarckstraße feierlich eingeweiht werden konnte.

Manfort

Manfort hat immer zu Wiesdorf gehört, aber der Bahnhof Schlebusch stand auf Manforter Gebiet. Im Bild oben der „Lindenhof", damals „Restaurant, Gartenwirtschaft und Conditorei Joseph Ledesquet"; die Notkirche war Vorgängerin der St.-Josephkirche.

Der Tierplastiker Prof. August Gaul (1869/1921) gestaltete den Elefantenbrunnen, der bis 1935 zum Eingang der Kolonie III schaute. Die Nazis, die in der gegenüberliegenden Doktorsburg ihr Büro hatten, fühlten sich beleidigt, weil der Elefant ihnen den Hintern zeigte: sie befahlen dem Dickhäuter eine Kehrtwendung; er hat sie dennoch überlebt!

Die „Doktorsburg" ist Begegnungsstätte für ältere Mitbürger seit 1977. 1682 von Goswin Scheifhart v. Merode, Deutschordenskomtur, in ihrer heutigen Gestalt erbaut; sie trägt den Namen von Dr. Jacob Omphal (1500–1567), kurkölnischer Kanzler und Prof. jur. in Köln, der hier seinen Wohnsitz hatte.
Stahlplastik im Vordergrund von Norbert Kricke

Die alten Manforter Häuser mit den Kaufläden auf der linken Seite und das Postamt auf der rechten Seite stehen nicht mehr; sie sind dem Bau der Straßenunterführung am Schlebuscher Bahnhof gewichen: Gustav-Heinemann-Straße. Die große Wuppermann-Werkhalle steht noch an der Straßeneinmündung.

Manforter Friedhof ▶

Ulrich-Haberland-Stadion – kurz vor dem Anpfiff eines Bundesligaspiels

Wilhelm Dopatka Halle
BASKETBALL BUNDESLIGA SA. 26.9.
TUS 04 - TV LANGEN 20

Breiten- und Spitzensport wird in Leverkusen groß geschrieben. Angebote für fast alle Sportarten halten rund 100 Vereine mit mehr als 37 000 Mitgliedern bereit. Der größte Verein ist der im Jahre 1984 durch den Zusammenschluß des „TuS 04“ und des „Bayer 04“ entstandene „TSV Bayer 04“ mit 7000 Mitgliedern in 16 Fachabteilungen. Acht Mannschaften spielen in der 1. Bundesliga. Eine beachtliche Anzahl von Sportanlagen, Stadien, Trainingsplätzen und Hallen sorgt dafür, daß der Sport neben der Chemie und der Kunst zu einem Kennzeichen von Leverkusen wurde.

D-0435
D-3600

Schlebusch

Schlebusch reicht zurück bis zum Mittelalter und hat seine eigene Art stets bewahrt. Um 1200 gibt es den „Binnester Hof", einen Rittersitz, von dem aus manch bergischer Amtmann das Amt Miselohe verwaltete. Ein altes Wappen zeigt im silbernen Feld eine schwarze Wolfsangel, die von einem roten Ring umschlossen wird, das den Schlebuscher Kaufleuten auf der Bergischen Landstraße, der alten Hauptstraße, als Zeichen ihrer Werbegemeinschaft dient.

In Schlebusch war die Landwirtschaft und das kleine Handwerk zu Hause, Weber und Sensenschmiede wirkten hier. Ein guter Bürgersinn hat im 19. Jahrhundert der Bürgermeisterei, die auch Steinbüchel mit Fettehenne und Lützenkirchen mit Quettingen und zeitweise auch Wiesdorf umfaßte, ein eigenes Gepräge gegeben.

Bergische Landstraße in Schlebusch am alten Rathaus (rechts mit Uhr). Die Industrie entwikkelte sich zunächst weiter westlich in Wiesdorf, und so kam es bei der ersten kommunalen Neugliederung 1928/30 zur Tendenz der Verwaltung nach Köln hin und zum Abschluß eines Vertrages mit Kölns Oberbürgermeister Konrad Adenauer, der aber von einer Volksabstimmung abgelehnt wurde und auch bei der Landkreisverwaltung keine Billigung fand. Die Schlebuscher sind einer eigenen kulturellen Aufgeschlossenheit verwurzelt geblieben, die ihnen besonders durch die Bürgermeisterfamilie des Jacob Salentin von Zuccalmaglio – dessen Vorfahren als „Gastarbeiter" an den Düsseldorfer Hof gekommen waren – auf musikalischem Gebiet und im Volksbildungswesen bewußt gemacht worden war.

CITY
HEICKEN
MARKT
SCHOLZ
OMEGA
TISSOT

Alte Sensenfabrik und Hammerwerk Kuhlmann und Söhne, Freudenthal, seit 1837.

Elberfelder Textil-Aktiengesellschaft an der Ecke Gezelinallee/Lindenstraße, heute Felix-von-Roll-Straße.

Alte bergische Tradition ist die Pflege des Chorgesanges und der Instrumentalmusik. Schlebusch hatte im 19. Jahrhundert ein eigenes kulturelles Ansehen durch seinen Bürgermeister Jacob Salentin von Zuccalmaglio, der 1819 eine „Musikalische Akademie" gründete, die zunächst bis 1846 bestand und deren Tradition heute vom Musikverein Schlebusch weitergeführt wird.
Mitglieder des Schlebuscher Musikvereins in historischer Tracht, bei einem Festzug 1928.

Vincenz von Zuccalmaglio, als Sohn des Schlebuscher Bürgermeisters am 28. Mai 1806 in Schlebusch, im Hause Bergische Landstraße 53 geboren, wurde Justizrat und Notar. Er amtierte zuerst in Hückeswagen, dann in Grevenbroich, wo er am 21. November 1876 starb. Bekannt wurde er durch seine Forschungen in der Bergischen Geschichte. Seit 1829 entwickelte er eine rege volksschriftstellerische Tätigkeit, sammelte deutsche Volkslieder, Sagen und Märchen und veröffentlichte eine Fülle von größeren und kleineren Flugschriften und Aufsätzen über örtliche Geschichte, Volksbräuche, Mythologie, Landwirtschaft, Gartenkunde und Obstbau. Er schrieb einen politischen Katechismus im Jahre 1848 und zog als Volksredner durch das Land, als ein rastloser Eiferer und unermüdlicher Förderer der Volksbildung und der Geistesfreiheit; man könnte ihn einen Vater der Volkshochschule nennen. Als Dichter und Dramatiker fand Zuccalmaglio Beifall. Bekannt ist er unter den Schriftstellernamen „Montanus" und „der alte Fuhrmann", eine Bezeichnung, die ihm zunächst von einigen Widersachern angehängt werden sollte, die er aber aufnahm. Auch sein Bruder Anton Wilhelm v. Zuccalmaglio (1803–1869), genannt „Wilhelm von Waldbrühl", war durch seine Volksliedersammlung berühmt geworden, am berühmtesten durch: Kein schöner Land . . .

Als letzter Abschiedsgruss
von der alten Dhünbrücke.
Von dem alten
Heimatdichter
Ludwig Braun
Nu adjüs du ahle Bröckepuckel,
Häss gestahne lang genog.
Wenn dä Fuhrmann drop mot haue,
Met dä Schmeck an ehnem Stöck.
Alte Dhünbrücke in Schlebusch

Waldsiedlung Schlebusch

Ehemalige Wasserburganlage Schloß Morsbroich; das „i" der zweiten Silbe ist altes Dehnungszeichen und bleibt unausgesprochen. Im

13. Jahrhundert tauchen in Urkunden die Ritter „Mohr van dem Bruche" auf, die als Lehensmannen das Gelände nördlich der Dhünn urbar gemacht hatten und ihre Wasserburg Morsbroich nannten.

Durch Tochtervererbungen kam der Rittersitz in verschiedene Familien, zuletzt verkauften es 1619 die von Elverfeld zu Isenburg mit allem Zubehör an den „Deutschen Orden", dessen Landkomture der Ballei Koblenz zeitweise auch in Morsbroich gewohnt haben. Ignaz Felix Freiherr von Roll ließ die alte Wasserburg teilweise abreißen und baute den Mittelteil des heutigen Schlosses neu, der 1885 durch die beiden Seitenflügel erweitert wurde.

Als 1807 der Deutsche Orden säkularisiert wurde, erhielt der großherzogliche Finanzminister Agar

de Mercuez, der sich Graf von Morsbourg nannte, das Schloß als Geschenk seines Landesherrn, Großherzog Joachim von Berg (Murat). Preußen kaufte von Agar das Schloß zurück und verkaufte es an den Bankverein von Schaaffhausen in Köln, und 1857 erwarb der neugeadelte Freiherr von Diergardt aus Viersen das Schloß als Fideikommiß. Seit 1951 ist darin das Museum für moderne Kunst der Stadt Leverkusen untergebracht und das Schloß in städtischem Besitz.

Alkenrath

Gezelin-Kapelle, 1659 vom Landkomtur Heinrich von Reuschenberg auf Schloß Morsbroich wiedererrichtet; wie der Bau davor ausgesehen hat, ist nicht festgehalten, 1868 erfolgte ein weiterer Neubau, der 1954 restauriert wurde. Die Quelle unter dem Altar sprudelt der Legende nach seit der Mitte des 12. Jahrhunderts.

Widerstandsdenkmal von Prof. Hans Uhlmann ▶
auf dem Alkenrather Weiher

RESTAURANT

Alkenrath war früher ein Gutshof in Schlebuschrath, der 1959 abgebrochen wurde. Der Flüchtlingsstrom nach dem Zweiten Weltkrieg erforderte ein neues Wohnungsbauprogramm. So entstand in den Jahren 1955–1957 die heutige Siedlung Alkenrath. Die 20 Straßen erhielten die Namen der Widerstandskämpfer des 20. Juli 1944.

Steinbüchel

Steinbüchel nach einer älteren Lithographie, vorne der Friedhof, links die frühere Pfarrkirche, dahinter links Haus Steinbüchel, rechts Alt-Steinbüchel.

Bis zum Jahre 1820 gehörte Steinbüchel zur Bürgermeisterei Burscheid, wurde dann aber mit Schlebusch vereinigt. 1930 wird Steinbüchel zusammen mit Schlebusch Teil der neuen Stadt Leverkusen.

Das „Regenrückhaltebecken“ im Ophovener Mühlenbachtal ist das größte künstliche Gewässer in Leverkusen. Schon bald wurde es zum beliebten Treffpunkt von Anglern, Spaziergängern und Schiffsmodellbauern. 1980 taufte man diese Anlage im Rahmen eines öffentlichen Wettbewerbs „Ophovener Weiher“.

Der Rittersitz Steinbüchel ist einer der ältesten in unserer Gegend. Schon im Jahre 1158 wird ein Konrad von Steinbüchel in den Urkunden der Abtei Deutz erwähnt. Von 1724-1798 gehörte der Rittersitz dem Deutschen Orden. In den folgenden Jahrzehnten findet ein häufiger Besitzwechsel statt. Die Gutsherren hatten in der dicht bei dem Gut gelegenen alten Steinbücheler Kirche einen freien Kirchenstuhl und das Recht der Beerdigung im Kirchkeller.

Lützenkirchen

Lützenkirchen hat trotz der Nähe großer Industriezentren seinen dorfartigen Charakter bis zur Gegenwart bewahrt. Zum ersten Mal in der „Deutzer Handschrift" 1155/56 erwähnt, gehörte es zu den reichsten und ältesten Obstanbaugebieten des Bergischen Landes und war über Jahrhunderte eine Domäne der Landwirtschaft. Im Schöffensiegel von 1556 führt Lützenkirchen unter dem bergischen Löwen eine von zwei Blättern flankierte Birne als Siegelmotiv. Große Bedeutung gewann es als „Konsultationsgericht" für alle anderen acht Landgerichte des Amtes Miselohe. Ähnlich wie Hitdorf suchten die Lützenkirchener immer wieder vergeblich ihre Selbständigkeit zu erlangen. Sie gehörten verwaltungsmäßig zum bergischen Amt Miselohe, bis 1816 zur Munizipalität Schlebusch, dann bis 1856 als eine „Spezialgemeinde" zur „Samtgemeinde", und schließlich nur noch als Gemeinde zur Bürgermeisterei Schlebusch. Die Verwaltungsreform von 1928/30 rettete die Gemeinde mit Schlebusch zwar vor den maßlosen Eingemeindungsbestrebungen der Stadt Köln, aber nur durch ihren Anschluß an Opladen. Und all das geschah ohne Mitbestimmung der Bürger.

Innenraum der St.-Maurinus-Pfarrkirche in Lützenkirchen, deren Grundstein 1847 gelegt wurde. Die Kirche war ein Kuriosum, da sie lange keine vorschriftsmäßige Altarplatte besaß und nicht konsekriert werden konnte. Dies wurde erst am 10. Juni 1976 nachgeholt.

Lützenkirchen mit St.-Maurinus-Pfarrkirche und St.-Anna-Kapelle. ▶

Das Bundesbahnausbesserungswerk wurde 1903 in Opladen als Lokomotivwerkstatt eröffnet, und dazu kam ab 1907 die Wagenwerkstatt. Es war die „größte und schönste Lokomotivwerkstätte Deutschlands“ und wurde wegen seiner musterhaften Anlage als Modell im Berliner Verkehrsmuseum aufgestellt.

Opladen

Opladen, urkundlich zuerst 1168 Upladhin genannt, liegt auch auf fränkischem Siedlungsgebiet und hatte um 1300 schon eine Gerichtsstätte. Die Kirchen sind mit St. Remigius 1223 in Opladen und St. Maurinus um 1155 in Lützenkirchen urkundlich vorhanden. Die Besiedlung ist rein bäuerlich mit Einzelhöfen und Weilern und einigen Rittersitzen: Friedenberger Hof, Gut Ophoven u. a. 1356–1807 war verwaltungsmäßig das bergische Amt Miselohe zuständig. Der Amtmann, meist ein Adeliger, saß auf seinem Hof, daher gibt es keinen festen Amtssitz Miselohe. 1807 in napoleonischer Zeit wurde die Municipalität Opladen mit Leichlingen und Bürrig gebildet. Ein Landkreis Opladen wurde in preußischer Zeit 1816 eingerichtet, wobei die Landbürgermeisterei Opladen bis 1856 auch Neukirchen, Wiesdorf und Bürrig umfaßte. 1857 wurde Neukirchen selbständige Stadt, 1858 auch Opladen, zugleich als Landbürgermeisterei für Bürrig und Wiesdorf, die 1889 als Bürgermeisterei Küppersteg selbständig wurde.

OPTIK
Schmitz
schmuck
UHREN
BAYER
REISE BÜRO
HERWEG
WOOLWORTH
RÖSELER
ERN
WMF

Opladen war um sein „Rathaus" lange Zeit in ständiger Verlegenheit und immer auf Miete unterwegs. Ein Neubau war stets gewünscht, aber nie Wirklichkeit geworden. Die Nazi kauften 1933 die „Villa Römer" als Rathaus, zogen aber schon 1939 in die Gebäude des 1938 gewaltsam geschlossenen Aloysianums. Der 1973 begonnener Rathaus-Neubau ist bis zur kommunalen Neuordnung 1974 nicht mehr fertig geworden und als Morgengabe an die neue Stadt Leverkusen übertragen worden.

Altes Rathaus Opladen, ehemals „Aloysianum"

Hotel Jansen, später Moritz, Bahnhofstraße Opladen, mit großem Saalbau. Hier tagte oft die Stadtverordnetenversammlung.

Für die erste höhere Knabenlehranstalt in der Kreisstadt Opladen erhielt der Lehramtskandidat Heinrich Kamp 1850 die Konzession und eröffnete unter der Direktion des Dechanten Stephan Josef Krey die sogenannte Bürgerschule. 1867 wurde sie unter dem Titel „Erzbischöfliches Aloysianum" zum kirchlichen Knabenseminar, aber erst 1923 zur Vollanstalt erhoben. Die Nazi wandelten 1937 des humanistische Aloysianum in eine „Deutsche Oberschule" um, die aber bereits ein Jahr später durch die Gestapo geschlossen wurde. Die Stadt Opladen mietete 1939 das ganze Gebäude ohne die Kapelle für Zwecke des Rathauses an, in einem Teil wurde die Berufsschule des Kreises untergebracht.

Teilansicht der Feuerwehr-Siedelung mit Gerätehaus Opladen

Kaiserliches Reichspostamt Opladen, Bahnhofstraße, 1945 durch Fliegerbomben zerstört.

Schon 1307 wird eine Brücke zu Opladen in einer Urkunde des Klosters Altenberg erwähnt. Das war eine Holzbrücke, die 1732 durch eine steinerne Bogenbrücke ersetzt wurde. Wegen ihres malerischen Aussehens diente sie oft als Vorlage für Zeichnungen und Stiche. Sie war ein Wahrzeichen der Stadt, bis 1908 die Eisengitterbrücke in Betrieb genommen wurde, die 1980 dem Bau einer neuen Brücke weichen mußte.

Der Friedenberger Hof ist einer der ältesten Rittersitze im Stadtgebiet, im 16. Jahrhundert von der Familie von Wrede bewohnt. 1971 restauriert, dient er seit 1975 kleineren kulturellen Veranstaltungen.

Im früheren Landratsamt des Landkreises Solingen, das 1914 von Prof. Klotzbach erbaut wurde, befindet sich seit 1977 das Stadtarchiv Leverkusen. Im Vordergrund steht der Freiherr-vom-Stein-Brunnen, der von dem Opladener Fabrikanten Römer gestiftet wurde.

Möbel-, Spiegel-, Polsterwaarenfabrik, Bettwaaren- und Korbwaaren-Handlung
von

Carl Kleinertz,

Mülheim am Rhein, 22 Obere Freiheitstraße 22.

Empfehle mein reichhaltiges Lager selbstverfertigter Möbel in allen Holzarten, von den billigsten bis zu den feineren Sorten, ganze Einrichtungen, complette Betten, Korbwaaren (Kinderwagen und Sessel) u. s. w. zu billigen Preisen unter Garantie.

Man bittet genau auf den Namen u. Hausnummer zu achten.

Wissenschaftlich geprüft u. begutachtet.

Benedictiner,

Doppelkräuter-Magenbitter, nach einem alten aus einem Benedictinerkloster stammenden Recept, fabricirt und nur en gros versandt von

C. PINGEL in Göttingen (Prov. Hannover).

Der Benedictiner ist bis jetzt das kostbarste Hausmittel und hat sich deshalb in fast jeder Familie eingebürgert. Der Benedictiner ist aus den feinsten, auserlesensten Kräutern zusammengesetzt, welche die Eigenschaften besitzen, wohlthätig und erwärmend auf den Organismus einzuwirken.

Der beste Beweis für die Güte des Benedictiner sind die unzähligen Anerkennungen, welche fortwährend dem Fabrikanten zugehen. Durch einen kleinen Versuch wird sich Jedermann von der Vortrefflichkeit des Benedictiner überzeugen und gern das Absatzfeld durch Weiterempfehlung vergrößern.

NB. Jede Flasche ist mit dem Siegel „C. Pingel in Göttingen" verschlossen und mit dem geschützten Etiquett versehen.

Preis à Fl. von ca. 330 Gr. Inhalt 3 M. 50 Pf.
„ „ „ „ „ 600 „ „ 6 M. 75 Pf.

Bei 5 Fl. Verpackung frei. Bei 10 Fl. freie Verpackung und 1 Fl. gratis. Versandt gegen Nachnahme durch nachstehende Niederlage. En gros-Versandt durch die Fabrik.

Attest.

Herr Michael Janzen in Auersmacher bei Kleinblittersdorf (Rheinprovinz), berichtet: Ihr Benedictiner hat mir und meinen Freunden, welchen ich einige Flaschen überließ, vortreffliche Dienste gegen furchtbares Magenleiden geleistet und dasselbe ganz gehoben ꝛc.

SANCT BERNHARD

Magenbitter.

Billigstes Hausmittel, welches sich in Folge seiner Vortrefflichkeit ebenfalls einer allgemeinen Beliebtheit erfreut.

Preis à Fl. ca. 150 Gr. Inhalt 1 Mark.

Vortheilhafte Flasche von ca. 330 Gr. Inhalt 2 Mark.

Der einzig ächte Benedictiner-Doppelkräuter-Magenbitter und Sanct Bernhard-Magenbitter von C. Pingel in Göttingen ist zu haben

in Opladen bei Hrn. Heinrich Kirsch.

Unterleibs-Bruchleidenden

wird die **Bruchsalbe** von **G. Sturzenegger** in **Herisau**, Schweiz, bestens empfohlen. Dieselbe enthält **keinerlei schädliche Stoffe** und **heilt** selbst **ganz alte Brüche**, sowie Muttervorfälle. — Zu beziehen in Töpfen zu ℳ 5 nebst Gebrauchsanweisung sowohl durch G. Sturzenegger selbst als durch nachstehende Niederlagen. Atteste, wie nachstehendes, liegen in großer Anzahl zu Jedermanns Ansicht bereit.

„Unterzeichneter bescheinige hiermit, ohne dazu aufgefordert worden zu sein, daß die Bruchsalbe, die mir Herr Gottlieb Sturzenegger in Herisau überschickt hat, eine vortreffliche Salbe ist, so daß ich mit 2 Töpfchen, von einem Doppelbruch vollständig geheilt worden bin und seither alle schweren Arbeiten verrichten kann.

Röthenbach, Kt. Bern. Joh. Ingold, obrigkeitlicher Wegmeister."

Zu haben in Berlin: Löwenapotheke, Jerusalemerstr. 16.
„ „ „ Coblenz: J. Fuchs, Apotheker.

Bei Durchsicht des illustrirten Buches: „Dr. Airy's Heilmethode" werden sogar Schwerkranke die Ueberzeugung gewinnen, daß auch sie, wenn nur die richtigen Mittel zur Anwendung gelangen, noch Heilung erwarten dürfen. Es sollte daher jeder Leidende, selbst wenn

---

Schönes Roggenstroh
rothe und weiße
Kartoffeln, Möhren,
alle Sorten:
Käse u. frische Eier

Opladen.

Der Männergesangverein „Eintracht"
veranstaltet Sonntag den 6. Febr.
in dem Locale des Herrn Georg Schwarz ein

Concert.

Der Ertrag ist für die Opladener Armen bestimmt.

Programm.

I. Abtheilung.

1. „An das Vaterland" von C. Kreutzer. (Chorlied.)
2. „Abendständchen", von A. Härtel. (Quartett.)
3. „Die Nacht", von F. Schubert. (Chorlied.)
4. „Waldvögelein", nach Jul. Dürner. (Quartett.)
5. „Ave Maria!", von Franz Abt. (Chorlied.)

II. Abtheilung.

6. „Herr Gott! Du bist uns're Zuversicht", Motette von Bernh. Klein. (Chorlied.)
7. „Mein Heimatthal", von Ludw. Liebe. (Quartett.)
8. „Die Thräne", von J. Witt. (Chorlied.)
9. „Die Abendglocke", von C. F. Wilh. Müller. (Quartett.)
10. „Wohin mit der Freud'?" von Fr. Silcher. (Chorlied.)

Text an der Kasse.

Kasseneröffnung 5 Uhr, Anfang 6 Uhr.

Eintrittskarten an der Kasse 1 Mark.

In Anbetracht des guten Zweckes werden höhere Beträge mit Dank angenommen.

Zu zahlreichem Besuche ladet freundlichst ein

Der Gesang-Verein „Eintracht". **Der Frauen- und Jungfrauen-Verein.**

Nach dem Concerte:

Gemüthliches Zusammensein.

Bürrig.

Sonntag den 6. Februar 1881,
findet in meinem Locale

großes Concert

statt, ausgeführt von der Voges'schen Capelle unter persönlicher Leitung des Königl. Capellmeisters a. D. Herrn W. Voges.

Programm.

I. Abtheilung.

1. „Friedensmarsch" von Piefke.
2. „Krönungsmarsch" a. d. Oper: „Der Prophet" von Meyerbeer.
3. „Divertissement" a. d. Oper „Norma" von Bellini.
4. „Potpourrie" a. d. Oper „Die Regimentstochter" von Donizetti.
5. „Finale" a. d. Oper „Barbier von Sevilla".
6. „Frühlingsknospen-Walzer" von Strauß. (Auf Wunsch.)

II. Abtheilung.

1. Marsch a. d. Oper „Die Hugenotten" von Meyerbeer.
2. „Morgen und Abend" großes Potpourrie von Lumby.
3. Duett a. d. Oper „Lucrezia Borgia" von Donizetti.
4. Quadrille a. d. Oper „Martha" von Strauß.
5. Musikalisches Quodlibet, a. d. Oper „Fledermaus" von Strauß.
6. Marsch. „Der Rattenfänger von Hameln" von Urban.

Anfang des Concerts 4 Uhr. Entree à Person 50 Pf.

Für die treue Hülfe bei dem uns betroffenen Brande sprechen wir unsern Mitbürgern hierdurch den **herzlichsten Dank** aus.

Opladen, den 2. Febr. 1881.
Aug. & Ferd. Schoeller.

Vorläufige Anzeige.

Sonntag den 20. d. Mts. im Saale des Herrn Wilh. Boden, zu Bürrig

theatr. Vorstellung

der Gesellschaft Humor unter freundl. Mitwirkung des Gesangvereins Liederkreis.

Zur Aufführung kommt:

„Die böse Welt",
Lustspiel in zwei Acten.

„Schildwach",
Schwank in einem Akt.

Anf. 7 Uhr, Kassaöffnung 6 Uhr.
Der Vorstand.

Zu Anfertigungen von Bauzeichnungen, Kostenanschlägen, Revisionsberechnungen, Situationsplänen und Baugesuchen, Aufstellung von Gebäude-Taxen zum Zwecke der Feuer-Versicherung empfiehlt sich Wilh. Reuter.
Richrath im Januar 1881.

Violin- und Guitarre-Saiten
sind wieder vorräthig bei
J. Beck in Opladen.

General-Versammlung
der
Arbeiter-Unterstützungskasse
der Bürgermeisterei Schlebusch.

Sonntag Nachm. 4 resp. 5 Uhr bei Hrn. Höller in Schlebusch für Filiale Schlebusch und Gesammtkasse.

Tagesordnung:
Rechnungslage und Vorstandswahl.

Der Vorstand.

Clemens-Verein,
Solingen.
Sonntag den 6. Februar
General-Versammlung,
Rechnungslage, Vorstandswahl.

Am Sonntag den 6. Februar findet bei mir

Wurst-Essen

statt, wozu ergebenst einladet
Opladen, den 6. Februar 1881.
Friedr. Schweinsberg

Operetten-Verein 1927

Das gesellige Leben spielte sich nach 1900 in mehr als 200 Vereinen ab: Jung und alt trifft sich in Film-, Foto- und Jazz-Clubs, zum Sammeln von Briefmarken, Münzen und Streichholzetiketten, in Turn- und Sportvereinen; Gärtner, Siedler, Wanderer und die Schützen haben ihre Vereine; alle können hier nicht aufgezählt werden.
Das Vereinsleben wird von den Firmen im Rahmen ihrer Sozialleistungen weitgehend unterstützt.

Seit 1459 sind die St.-Sebastianus-Schützenbrüder in Wiesdorf tätig. 1908 stellte sich das Schützenkönigspaar Heinrich und Margarethe Esser samt Hofdamen dem Photographen.

Schafstall ist ein Teil der Gemeinde Bürrig. Die Jugend der „guten alten Zeit“ feierte auf ihre Art und Form noch ohne Radio, Benzinkutsche und Motorräder. – Aber Bier gab es schon.

Hitdorfer Geselligkeitsverein ▶

P
100m

MISS

An der Ecke Freiheitsstraße in Küppersteg um 1900 das erste Parteilokal der SPD

Kolping-Gesellenverein Wiesdorf um 1910 vor dem „Erholungshaus“ der Farbenfabriken Bayer

Turnriege der Haushaltungsschule in Wiesdorf
um die Jahrhundertwende

Bayer-Tanzgruppe im Erholungshaus 1982

Schützenbruderschaft
Leverkusen – Quettingen

DB
BBC
SIEMENS
JOSEF MEYER
EISEN- u. WAGGONBAU
RHEINFELDEN, SCHWEIZ
HENSCHEL
Nr. 29701 — 1958 —
HENSCHEL
Nr. 30346 — 1961 —
KRAUSS-MAFFEI
KRUPP
Gew. Lok.
Br. Gew.
FLÜGELRAD OPLADEN E.V.

Bergisch Neukirchen

Bergisch Neukirchen, fast Luftkurort in 150 m Höhe, umsäumt von drei Tälern, inmitten von Wiesen, Wäldern und der „Bergischen Obstkammer", wird bereits 1223 erstmals urkundlich erwähnt, allerdings ohne den Zusatz „Bergisch", der kam erst durch „Allerhöchsten Erlaß" 1904 dazu.
Neukirchen gehörte zum bergischen Amt Miselohe, kam 1805 zur Mairie Witzhelden im (französischen) Großherzogtum Berg und 1820 zur Samtgemeinde Opladen. 1827 erhielt es den Stand als Stadt im Provinziallandtag und 1857 eigenes Stadtrecht. Seit dem 1. Januar 1975 ist es einer der schönsten Stadtteile von Leverkusen. Die Kirche wurde 1784 erbaut.

Neukirchen wird durch seine Fachwerkbauten geprägt. Hier: Burscheider Straße 105.

An der Eisenbahn-Nebenstrecke von Opladen nach Lennep, die 1881 in Betrieb genommen worden war.

Der erste Bahnhof im heutigen Stadtgebiet Leverkusens wurde 1845 zwischen Bürrig und Wiesdorf in der damaligen Landbürgermeisterei Opladen errichtet und erhielt den alten Namen vom Übergang über die Dhünn bei der alten Mühle: Küppersteg. Damals war jedermann noch froh, wenn das erst junge, fauchende Ungetüm „Dampfeisenbahn“ möglichst weit weg von seiner Behausung vorbeidampfte.

Der erste Bahnhof Opladens an der Bergisch-Märkischen Eisenbahnstrecke wurde 1867 in Betrieb genommen und 1968 durch einen Neubau ersetzt.

Der Bahnhof Schlebusch, weitab vom Ort gelegen an der Strecke der Bergisch-Märkischen Eisenbahn, wurde 1867 auf der Wiesdorfer Gemarkung Manfort errichtet und 1976 durch einen kleinen Fahrkartenverkaufspavillon ersetzt. Durch die Schlebuscher Gemarkung führte die Troisdorf-Wedauer Güterverkehrsstrecke, für die 1874 ein Güterbahnhof Morsbroich geschaffen wurde.

Der alte Bahnhof Wiesdorf-Leverkusen von 1914

In unmittelbarer Nähe des zentralen Busbahnhofes wurde 1979 der neue Bahnhof Leverkusen-Mitte fertiggestellt.

Das alte Leverkusener Autobahnkreuz wurde erst 1961 zum kreuzungsfreien „Kleeblatt“ umgebaut. Die rheinische Autoverkehrsstraße von Bonn über Köln in das Ruhrgebiet war bereits 1924 geplant, wobei Opladen federführend beteiligt war. Baubeginn des Teilstücks Köln-Opladen: März 1931. 1932 wurde das Teilstück Bonn-Köln für den Verkehr freigegeben und in Opladen am 27. September 1933 ein weiteres Teilstück eingeweiht. Mit diesen Erfahrungen wurden nach 1933 die Reichsautobahnen weitergebaut; sie waren keine Erfindung des Dritten Reiches, auch wenn der „Führer“ am 23. September 1933 demonstrativ zwischen Darmstadt und Frankfurt den „ersten Spatenstich“ schaufelte.

Bundesstraße 8 in Richtung Wiesdorf mit Stadthaus und Breidenbacher Hof am Dhünnübergang (= „Küppers Steg“) um 1960

Die neue B 8 im Bau (1967), die heutige Stadtautobahn

Am 26. Oktober 1958 fuhr die Linie 0 der Kölner Verkehrsbetriebe zum letzten Mal von Opladen über Leverkusen nach Köln. In Opladen hatten kurz vor Mitternacht Tausende Menschen die blumengeschmückte letzte Fahrt der Trambahn gefeiert, die über 50 Jahre einen Großteil des Nahverkehrs nach Köln bewältigt hatte.

Motorboot von Wiesdorf nach Merkenich am westlichen Rheinufer; Rheinstraße am Bayerwerk vorbei nach Flittard. Den Damm krönt noch die alte Hochwassermauer.

Dieses Leverkusener Bilderbuch will einen Beitrag zur Geschichte der immer noch jungen Stadt vorlegen, aber in Motiven von gestern und heute keinem nostalgischen Zweck huldigen; die Freude am gestern Gewesenen will mehr sein. Vollständigkeit ist nicht angestrebt, aber jeder Stadtteil gab seine Motive dazu. Es sollte deutlich werden, daß die fließende Geschichte (wie der vorbeifließende Rhein) nicht so einfach eingefangen werden kann. Aber das Leben an Rhein und Wupper ist aufgezeigt in dieser Stadt, in der wir gern leben.
Zu danken ist dem Verlag, den Setzern und Druckern und allen sonstigen Mitarbeitern, die zum Gelingen beigetragen haben, vor allem auch dem Stadtarchiv für die freundliche Überlassung der Bilder aus seinem Fundus der Geschichte.

Leverkusen, im Oktober 1984

Literatur zum Thema Leverkusen

Andre, Jakob
Beiträge zur Geschichte der Gemeinde Wiesdorf und Bürrig
Wiesdorf 1912

Bayer 1863–1963
Sammelband der Beiträge zur hundertjährigen Firmengeschichte in der Werkszeitschrift „Unser Werk" 1963/64, Leverkusen 1963

M. Boch/M. Krause
Historisches Lesebuch zur Geschichte der Arbeiterschaft im Bergischen Land. Köln 1983
(= Schriftenreihe der Otto-Brenner-Stiftung; 33)

Boelken, Uwe
Die Familien der katholischen Pfarre St. Antonius Leverkusen-Wiesdorf 1770–1809. Köln 1984
(Veröffentlichung d. Westd. Gesellschaft f. Familienkunde Nr. 26)

Dietz, Walter
Leverkusen, Geschichte und Gegenwart
Mainz 1958

Chronik der Familie Wuppermann
Band 1: Bauern, Bleicher und Kaufherren
Mainz 1960

Chronik der Familie Wuppermann
Band 2: Wuppermanns in Heimat und Welt
Mainz 1965

Chronik der Familie Wuppermann
Band 3: Anmerkungen, Erläuterungen und Quellen, Register. Mainz 1967

Dreusche, Erich von
Unsere Gemeinde. Geschichte der evangelischen Kirchengemeinde Berg. Neukirchen
Leverkusen 1975

Duisberg, Curt
Nur ein Sohn. Ein Leben mit der Großchemie.
Stuttgart 1981

Gruss, Franz
Höfe, Rittersitze, Kirchspiele
Leverkusen 1984

Hinrichs, Fritz
Eine Burg und drei adelige Häuser
Opladen 1965

Geschichte der Monheimer Höfe. Auswertung und Ergänzung Theodor Prömpeler: „Geschichte der Freiheit Monheim, 3. Teil"
Opladen 1959

Hitdorf am Rhein. Chronik eines bergischen Hafens
Hitdorf 1957

Monheim in wirtschafts- und verwaltungsgeschichtlicher Sicht
Monheim 1962

Monheimer Kulturbilder aus Geschichte und Gegenwart
Monheim 1971

Horn, Artur
Opladener Portraits
Leverkusen-Opladen 1980

Kaltenbach, Wilhelm
St. Andreas und Gezelinkapelle in Leverkusen-Schlebusch. Rheinische Kunststätten, Heft 191/1976
(Hrsg. Rheinischer Verein für Denkmalpflege und Landschaftsschutz)

Land an Wupper und Rhein – Heimatkalender, Jg. 1955–1975.
(Hrsg. Kreisverwaltung des Rhein-Wupper-Kreises in Opladen)

Leverkus, Otto C.
Fortschritt, Wachstum und Verantwortung. Bilder und Dokumente aus 140 Jahren. Otto C. Leverkus zum 50. Geburtstag.
1970

Leverkusen im Kartenbild – Von der Karte des Amtes Miselohe zum neuen Stadtplan.
Hrsg. Stadt Leverkusen.
Leverkusen 1978

Leverkusen – jung und alt und neu. Bilder und Geschichten aus einer eigenartigen Stadt. Text: Werner A. Rudolph. Heidelberg 1980

Leverkusen 1944 bis 1950. Kriegsende und Nachkriegszeit. Hrsg. Leistungskurs Geschichte I der Carl-Duisburg-Schule in Zusammenarbeit mit dem Presse- und Verkehrsamt der Stadt Leverkusen.
Leverkusen 1980

Lück, Helmut E.
Sozialforschung durch Bürgerinitiativen – Am Beispiel Stadtplanung Leverkusen. Leverkusen-Opladen 1979

Menz, Erwin
Leverkusen. Junge Stadt am großen Strom
Leverkusen 1961

Meyer, Johann
Chronik der Bürgermeisterei Küppersteg, Landkreis Solingen
Wiesdorf 1901

Müller, Friedrich Ludwig
Recherchen zum Thema. Wuppermann-Bilanz bei hundert.
Leverkusen 1972

Müller, Rolf
Upladhin – Opladen. Stadtchronik
Opladen 1983[3]

Fünf bergische Lebensbilder. In „Opladener Glockenspiel", herausgegeben von der Aktionsgemeinschaft Einkaufen in Opladen e. V.
Leverkusen-Opladen 1982

Nationalsozialismus in Leverkusen. Bruchstücke einer Dokumentation. Hrsg. Jungsozialisten in der SPD und Arbeitsgemeinschaft für Sozialdemokraten im Bildungsbereich.
Leverkusen 1981

Nicolini, Gert
Der Wandel des Stadtzentrums von Leverkusen. Eine Untersuchung über den Einfluß einer stadtplanerischen Maßnahme. Duisburger Geographische Arbeiten Heft 4, Köln 1983

Niessen, Joseph
Zur Geschichte von Schlebusch. Ein Vortrag, gehalten am 6. März 1898 im Schlebuscher Verschönerungsverein von Joseph Niessen.
Schlebusch 1898

Opladen, Peter
Die Geschichte der Pfarrei St. Andreas und das Pfarr-Rektorat St. Albertus-Magnus. Mit Beitrag von Karl Bornemann, Aus der Geschichte der Evangelischen Gemeinde. Bergisch Gladbach 1952 in: Heimatbuch Leverkusen-Schlebusch
Bergisch Gladbach 1952

Peetz, Hilla
„Nicht ohne uns!" Arbeiterbriefe, Berichte und Dokumente zur chemischen Industrialisierung von 1760 bis heute.
Frankfurt/Berlin/Wien 1981

Plump, Klaus
Epochen und Episoden der Leverkusener Eisenbahngeschichte. Eine Dokumentation, Hrsg. Stadt Leverkusen. Leverkusen 1979

Raem, Heinz-Albert
Es geschah in Opladen . . . NS-Verfolgung und Kirchenkampf in der Pfarrei St. Remigius-Opladen.
Leverkusen-Opladen 1983

Richling, Dieter
Monheim, Hitdorf, Baumberg. Eine wirtschafts- und sozialgeographische Untersuchung.
Köln 1962

Ris, Klaus
Leverkusen. Großgemeinde – Agglomeration – Stadt.
Remagen 1957 (= Forschungen zur deutschen Landeskunde, Bd. 99)

Ritter-Schaumburg, Heinz
Die Nibelungen zogen nordwärts.
Berlin 1981

Rolli, Willi
Die Gezelin-Kapelle zu Leverkusen als Unterrichtsinhalt der Volksschule
Köln 1968

Rudolph, Werner u. a.
Rathäuser erzählen Stadtgeschichte, Leverkusen 1977

Scherer, Karl Adolf
Hochburg des Sports. Leverkusen: Ein Beispiel für Spitzen- und Breitensport. Düsseldorf 1979

Tucholski, Friedrich
Leverkusen. Rheinische Kunststätten, Heft 5/1969 (Hrsg. Rheinischer Verein für Denkmalpflege und Landschaftsschutz)

Willms, Hugo
Geschichte der Stadt Bergisch Neukirchen
Pattscheid 1929

Wochenendseminar für Heimatforscher
Oktober 1965 in Leverkusen. Berichte und Referate.
Neustadt a. . Aisch 1965

Bildquellennachweis:

Aus dem Stadtarchiv stammen die Fotos auf den folgenden Seiten:
6, 8, 10, 11, 12, 13, 14, 15, 17, 18, 20, 21, 22, 23, 24, 25, 26, 27, 28, 30, 31, 32, 33 unten, 34, 35, 40, 42, 43, 44, 45, 48, 50, 51, 52, 53, 54, 56, 63, 64, 66 unten, 67, 68, 69, 70, 72, 74, 78, 80, 81, 82, 86, 88, 89, 90, 91, 92, 93, 94, 95 unten, 96, 97, 98, 99, 100, 104, 105, 106, 110, 112, 113, 114, 116, 118, 119, 121, 122 sowie die Karten von Vorsatz und Nachsatz.

Aus der Fotofabrik stammen die Fotos auf den folgenden Seiten:
3, 7, 9, 16, 19, 29, 33 oben, 37, 38, 39, 41, 46, 47, 49, 55, 57, 58, 59, 60, 61, 62, 65, 66 oben, 71, 73, 75, 76, 77, 79, 83, 84, 85, 87, 95 oben, 101, 102, 103, 107, 108, 109, 111, 115, 117, 120, 123.

Luftbilder-Freigaben:
Waldsiedlung Seite 71, Freigeg. Reg. Präs. Düsseldorf Nr. 52 R 42; Bürrig Seite 19, Freigeg. Reg. Präs. Düsseldorf Nr. 52 R 41; Alkenrath Seite 77, Freigeg. Reg. Präs. Düsseldorf Nr. OM 1095; Opladen Ausbesserungswerk Seite 85, Freigeg. Reg. Präs. Düsseldorf Nr. OM 1301; Wiesdorf Gesamtübersicht zum Rhein hin, Freigeg. Reg. Präs. Düsseldorf Nr. 52 P 70; Autobahnkreuz Seite 117, Freigeg. Reg. Präs. Düsseldorf Nr. 52 P 73; Rheindorf Seite 16, Freigeg. Reg. Präs. Düsseldorf Nr. OM 1086; Stadion Seite 59, Freigeg. Reg. Präs. Düsseldorf Nr. 52 R 19.

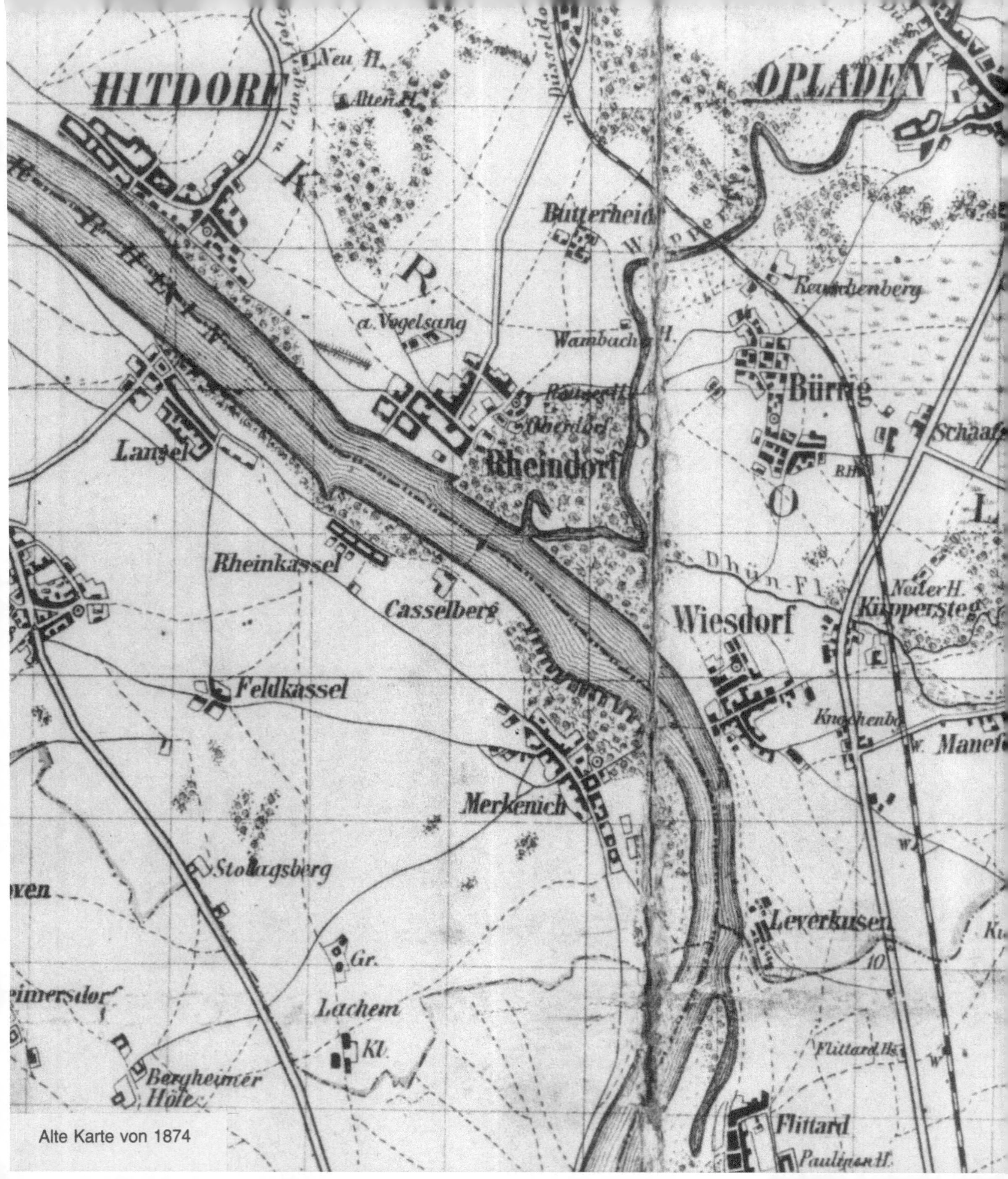

Alte Karte von 1874

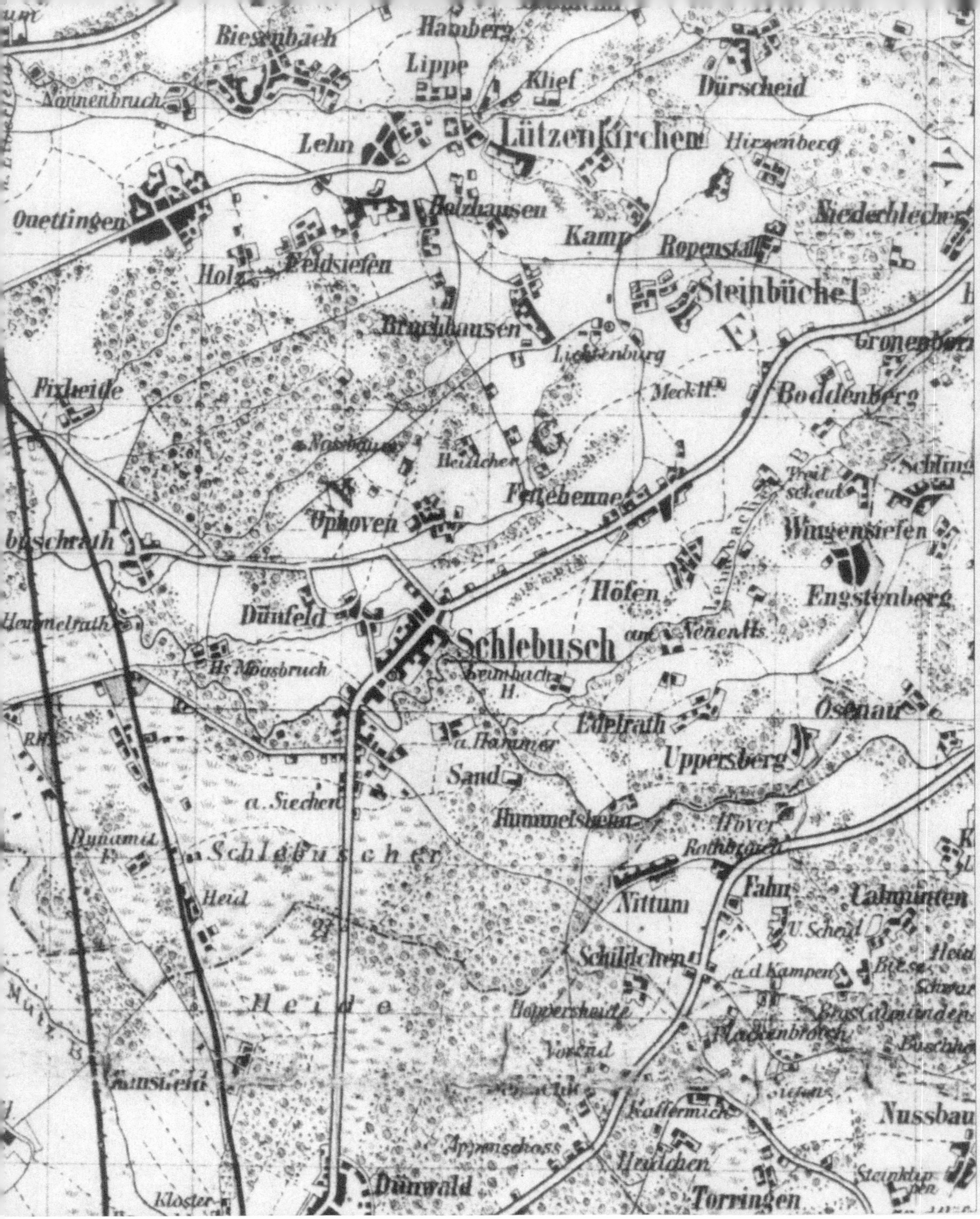
Biesenbach
Hamberg
Lippe
Klief
Dürscheid
Nonnenbruch
Lehn
Lützenkirchen
Hirzenberg
Quettingen
Holzhausen
Kamp
Ropenstall
Feldsiefen
Steinbüchel
Bruchhausen
Lichtenburg
Fixheide
Boddenberg
Heidchen
Fettehenne
Ophoven
Wingensiefen
Höfen
Engstenberg
Dünfeld
Schlebusch
Hs Moosbruch
Edelrath
Ösenau
Uppersberg
Sand
a. Siechen
Hummelsheim
Schlebuscher
Heid
Nittum
Schildchen
a.d. Kampen
Heide
Nussbaum
Heidchen
Dünwald
Torringen
Kloster

GPSR Compliance

The European Union's (EU) General Product Safety Regulation (GPSR) is a set of rules that requires consumer products to be safe and our obligations to ensure this.

If you have any concerns about our products, you can contact us on ProductSafety@springernature.com

In case Publisher is established outside the EU, the EU authorized representative is:

Springer Nature Customer Service Center GmbH
Europaplatz 3
69115 Heidelberg, Germany

Batch number: 10585086

Printed by Printforce, the Netherlands